Feuereißen · Dampf über Europa
Ost

Günther Feuereißen

DAMPF ÜBER EUROPA
OST

Die letzten Dampflokomotiven
im Regeldienst
und vor Sonderzügen

Gondrom

Umschlagseite vorn
Die Museumslokomotive 475 1142 (2'D 1')
der ČSD gehört zu den hervorragenden
Nachkriegskonstruktionen von Škoda. Am
21. Mai 1982 durchfährt sie mit einem
Sonderzug Milevsko

Umschlagseite hinten
Im Bahnbetriebswerk Wolstyn der PKP treffen wir im Mai 1989 auf Ol 49 105 (1'C 1' h2)
(VJ)

Bild auf Seite 2
Am 17. Februar 1989 beförderte die
Museumslokomotive 01 1531 (2'C 1' h2-Rekolok) der DR den Planpersonenzug 8015
von Gera nach Saalfeld, im Bild bei
Pößneck, anläßlich der Verabschiedung
eines Lokomotivführers

Genehmigte Lizenzausgabe für den Gondrom Verlag GmbH & Co KG, Bindlach, 1989
Lithos: Hofmüller-Repro GmbH & Co KG, Linz
Satz: Fotosatz Schwarzenböck, Hohenlinden
Druck: Zumbrink Druck GmbH, Bad Salzuflen
ISBN 3-8112-0675-3

Finnland

Als im Jahre 1862 die erste Eisenbahnstrecke dem Betrieb übergeben wurde, gehörte Suomi (Finnland) als autonomes Großfürstentum zum russischen Zarenreich. Dort gab es bislang etwa 1000 km Eisenbahnen in drei verschiedenen Spurweiten. Zar Nikolaus I. legte jedoch mit der Finanzierung der ersten Staatsbahn von St. Petersburg nach Moskau die russische Norm für weitere Eisenbahnen fest: 5 Fuß = 1524 mm. Sie galt auch für die finnischen Bahnlinien, die bis zur staatlichen Unabhängigkeit im Jahre 1917 auf 4000 km anwuchsen.

Zunächst überwiegend von privater Initiative geschaffen übernahm der Staat bis 1950 alle Bahnen und ließ sie ab 1970 ministeriell verwalten. Der Ausbau der Valtionrautatiet Rautatiehallitus (VR) hält an; zur Zeit werden über 6000 km Strecken betrieben. Der Verkehr mit dem schwedischen Nachbarn ist nur über einen Spurwechsel möglich. Der traditionell starke Waren- und Wagenaustausch mit der Sowjetunion verläuft zwar auf gleicher Spur, doch müssen Zwischenwagen mit einseitiger automatischer Kupplung die Verbindung zur heimischen Schraubenkupplung herstellen.

Die VR setzten bis Ende der sechziger Jahre auf den Dampfbetrieb, begründet durch den zur Feuerung bestens geeigneten und reichlich vorhandenen Rohstoff Holz. 1972 hatten sie noch 150 Lokomotiven unter Dampf, die vor allem in der Winterzeit regen Dienst versahen. 360 Dieselloks und 275 Triebwagen übernahmen jedoch nach und nach die Verkehrsleistungen. Mitte der siebziger Jahre begann die Elektrifizierung in größerem Stil und machte die letzten Dampfloks überflüssig. Die finnische Armee verpflichtete die VR aber zur betriebsfähigen Erhaltung von 250 mit Holz zu feuernden Dampflokomotiven.

Abfahrbereit erwartet Lok 1082 der Reihe Trl die Teilnehmer einer Sonderfahrt in Imatra. Mai 1983 (HM)

1082

1082

67 Maschinen der Reihe Trl beschafften die Finnischen Staatsbahnen von 1936 bis 1957 bei verschiedenen Herstellern. Die 1'D 1'-Güterzuglokomotiven waren die stärksten auf Finnlands Gleisen. Im Bild links unten ist für 1082 Restaurationsaufenthalt im Depot Pieksämäki, darüber muß die Maschine in Luumäki eine Kreuzung abwarten und rechts gibt es eine Anfahrszene in Imatra (HM)

Ablösung: Tk3 1139 übernimmt die weitere Beförderung der Sonderfahrtteilnehmer von Trl 1082 (HM)

Die 1'D-Maschinen der Reihe Tk3 sind größtenteils holzgefeuert, können also mit einheimischen Brennstoffen betrieben werden. Das ist auch der Grund für die strategische Reserve von 250 Dampflokomotiven, welche die Finnischen Eisenbahnen vorhalten. Rechts befindet sich der Zug kurz vor Savonlinna, darunter wird die Lokomotive in Parikkala restauriert (HM)

1139
1139

Nur wenige Länder besitzen so viele Wasserflächen wie Finnland. Unzählige Dämme und Brücken, im Bild bei Savonlinna, müssen dem eisernen Pfad den Weg bahnen (HM)

Die Seen wechseln mit Wald, als sich der Zug Parikkala an der sowjetischen Grenze nähert (HM)

Einen abschließenden Blick auf die im Museumsdienst befindlichen Dampflokomotiven bringen diese Seiten: Links dampft Tk3 1139 von Savonlinna nach Parikkala, darunter treffen sich Hrl 1004 (2'C 1') und Lok 669 im Bahnhof zu Karjaa im Finnischen Meerbusen. Rechts oben wird der Sonderzug weiter nach Riihimäki geführt und unten verabschieden sich Tk3 1139 und Trl 1082 gemeinsam (HM)

1004

99 7233-2

DDR

Die Idee eines gesamtdeutschen Eisenbahnnetzes gebar Friedrich List in Leipzig und proklamierte sie in seiner Schrift »Über ein sächsisches Eisenbahnsystem als Grundlage eines allgemeinen deutschen Eisenbahnsystems und insbesondere über die Anlegung einer Eisenbahn von Leipzig nach Dresden«. Weitblickend sah er die Netzentwicklung voraus, die zunächst innerhalb der deutschen Länder, später grenzüberschreitend eintrat.

Von der ersten Fernbahn Leipzig-Dresden, welche 1839 ihren Betrieb aufnahm, war es ein beschwerlicher Weg bis zur Gründung der Deutschen Reichsbahn im Jahre 1920, der ja zunächst die politische Einigung des Reiches vorangehen mußte.

In der Folge des zweiten Weltkrieges trennten sich die Wege der deutschen Eisenbahnen wieder. Der politischen Teilung Europas folgend entstand in Mitteldeutschland die Deutsche Reichsbahn (DR) als »Volkseigener Betrieb«. Sie verfügte über etwa 12000 km Strecken und 4000 Dampflokomotiven. Das zweite Gleis mußte wie alle Fahrleitungsanlagen und E-Loks als Reparationsleistung abgegeben werden. Von den Dampflokomotiven war kaum die Hälfte betriebsfähig. Der ehemals reichlich vorhandene Brennstoff Steinkohle war durch die neuen Grenzen unzugänglich; Braunkohle ersetzte ihn mehr schlecht als recht.

Bis 1960 entstanden 360 Neubaudampflokomotiven, denen bis 1965 660 Umbauten und Modernisierungen von Einheits- und Länderbahnloks folgten, bei der DR Reko-Lokomotiven genannt. Zu gleicher Zeit setzte aber der Traktionswandel vor allem durch Verdieselung ein. 1988 fuhr der letzte Regeldampfzug auf Normalspurgleisen. Schmalspurbahnen und zahlreiche Museumslokomotiven bieten noch heute ein vielseitiges Bild deutscher Dampfeisenbahnen.

Im Herbst 1988 sind die 1000 mm-Neubaulokomotiven der Bauart 1'E 1' h2 auf der Harzquerbahn noch unumschränkte Herrscher. Wenige Wochen später probte die erste Diesellok die Verkehrsübernahme.

010501-5

Einer der letzten Dampfschwerpunkte der DR war das Betriebswerk Saalfeld. Es beherbergte im Frühjahr 1978 rekonstruierte 01er und ölgefeuerte 44er

Im Sommer 1976 traf man noch allenthalben auf Rekoloks der zweizylindrigen Reihe 03 (2'C 1' h2). Im Bild fährt 03 2242 durch Potsdam

Im Mai 1977 erbrachten die Neubaumaschinen der Reihe 23.10, später 35 (1'C 1' h2), Personenzugleistungen im Raum Nossen–Döbeln

Eine Renaissance erlebten die Altbau-01 (2'C 1' h2) 1980/81 im Betriebswerk Saalfeld. Im Bild ist 01 2204 mit E 807 von Leipzig nach Saalfeld bei Bad Köstritz unterwegs

Die ölgefeuerten 44er der Bahnbetriebswerke Nordhausen und Sangerhausen versahen bis Ende 1981 aktive Dienste. Auf der folgenden Doppelseite verläßt 44 0194 (1'E h3) Röblingen am See

150 Jahre erste deutsche Fernbahn von Leipzig nach Dresden war der Anlaß für die Parade interessanter Züge am 9. April 1989. Die kohlegefeuerte 44 1378 des Bw Gera schleppt die kalte 52 4900 (1'E h2) mit Kohlenstaubtender

Im Bild rechts wird die rekonstruierte 52 8195 am 26. Juli 1988 für eine ihrer letzten Fahrten in Bischofswerda bekohlt

Seite 28 zeigt die rekonstruierte 50 3519 (1'E h2) im März 1988 bei der Fahrt von St. Egidien nach Ölsnitz. Am gleichen Tag ist auch 86 1501 (1'D 1' h2) zwischen Schlettau und Crottendorf im Dienst (Seite 29)

Die Seiten 30/31 zeigen schließlich den Traditionszug Zwickau am 9. Juni 1989 auf der Hetzdorfer Brücke. 50 3516 leistet 50 849 Vorspann, 86 049 und 86 001 schieben

50 3519-1
P
P
12
8

86 1501-5

Die Museumslokomotive 50 849 des Betriebswerkes Reichenbach, Lokeinsatzstelle Zwickau, ist eine der aktivsten. Oben verläßt sie Waldenburg am 21. Mai 1989, rechts umfährt sie Rodewisch am 4. Februar 1989

38 205
A

74 1230
89

Die Fahrzeugparade aus Anlaß des Jubiläums 150 Jahre Leipzig - Dresden erforderte aufwendige Vorbereitungen, damit alle Züge rechtzeitig vor Ort waren. Links oben passiert der »Sachsenzug« (38 205, 19 017, 58 261, 94 2105) Block Medessen, darunter fährt 74 1230 mit dem »Stadtbahnzug« bei Stauchitz und rechts quert der »Neubauzug«, geführt von 23 1113, die Elbe in Meißen

99 6001-4
99 6001-4

DR
DR

99 7245-6

Nebenstehend schlängelt sich der Harzquerbahnzug 14445 durch Wernigerode und unten rangiert der Heeresfeldbahn-C-Kuppler in Hasserode

Die vorangegangene Doppelseite bietet einen Blick auf die Selketalbahn bei Güntersberge. Auf den 1000 mm-Gleisen führt 99 6001 (1'C 1' h2t) P 14465 nach Hasselfelde

Zwischen Oschatz, Mügeln und Kemmlitz fanden die Meyer-Lokomotiven der Reihe 99.15 (B'B' n4vt) ihre letzte Bleibe auf den Resten eines einst ausgedehnten 750 mm-Netzes

Ebenfalls auf 750 mm-Gleisen ist die Neubaulokomotive 99 1783 (1'E 1' h2t) zwischen Freital-Hainsberg und Kipsdorf im Einsatz

TKt48
178
TKt48
87
TKt48
130

Polen

Als 1845 der erste Abschnitt einer Eisenbahnverbindung von Warschau nach Wien eröffnet wurde, war an einen polnischen Staat in den heutigen Grenzen nicht zu denken. Das Königreich (Kongreß-) Polen gehörte zu Rußland, nördlich und westlich durch Preußen, südlich durch Österreich-Ungarn begrenzt.

Im russischen Einflußbereich entstanden 7362 km überwiegend breitspurige (1524 mm) Eisenbahnen, in Preußen (bezogen auf das ab 1918 polnische Territorium) 4228 km Normalspurbahnen und in Österreich-Ungarn (bezogen auf das ab 1918 polnische Territorium) 4357 km ebenfalls normalspurige Bahnen. 1918 erlangte Polen infolge des ersten Weltkrieges staatliche Souveränität und vereinigte 1926 knapp 16000 km Eisenbahnstrecken zur Polskie koleje Państwowe (PKP).

4762 Dampflokomotiven verkehrten auf den in Spurweite und Verkehrsrichtung (Linksverkehr in Österreich-Ungarn) so unterschiedlichen Netzen. Zudem mußten nun Strecken und Verbindungen gebaut werden, die den neuen Grenzen und Wirtschaftsströmen folgten. 1650 km Normalspurbahnen erweiterten das Eisenbahnnetz. 1210 Dampflokneubauten, von denen acht Baureihen auf polnischen Originalprojekten beruhten, kamen aus den Lokfabriken in Chrzanow, Warszawa und Poznań.

1939 teilten Deutschland und die Sowjetunion Polen unter sich auf. Die Eisenbahnen mußten nun vor allem der Kriegsmaschinerie dienen. 1944 nahmen die PKP den Betrieb erneut auf. Die polnischen Staatsgrenzen waren nach Westen verschoben, wiederum mußte das Netz neuen Gegebenheiten angepaßt werden. Bis 1957 entstanden weitere 2500 Dampflokomotiven. In den sechziger Jahren setzte der Traktionswandel ein und hält bis heute an, doch sind die Dampfleistungen inzwischen unter 5% abgesunken.

Das Bahnbetriebswerk Kepno beheimatete im Mai 1989 zahlreiche Maschinen der Reihe Tkt 48 (1'D 1' h2). Von 1950 bis 1958 entstanden bei Cegielski und Chrzanow etwa 200 Lokomotiven dieses Typs (VJ)

Das Betriebswerk Kłodzko setzte 1987 seine Pt 47 nach Wałbrzych ein. 180 Maschinen nahm die PKP von 1947 bis 1951 in Betrieb und rüstete sie teilweise mit Stoker aus (VJ)

OL49-59

Ol 49 59 und Ty 2 1336 geben sich am 24. September 1987 ein Stelldichein im Betriebswerk Wolstyn (VJ)

Auf der vorangegangenen Doppelseite ist
Ol 49 14 (1'C 1' h2) von Kcynia nach Piła bei
Lipiny am 9. September 1987 unterwegs (VJ)

Im Bild unten fährt Ol 49 70 am 14. Mai 1989 durch Powodowo, rechts dreht Ol 49 59 in Wolstyn (VJ)

Parade im Bw Wolstyn am 18. Mai 1989: Ol 49 22, Ol 49 81, Ol 49 105, Ty 2 710, Ty 42 59, Ol 49 70 und Ty 2 67 (VJ)

1976 waren die Ok 1 noch zahlreich in Betrieb. Die ehemalige KPEV 6542 (Königlich Preußische Eisenbahnverwaltung) der Gattung P 8 erhielt die Nummer 51 und rangierte am 1. August 1976 auf die Drehscheibe in Malbork (HS)

Die polnische Weiterentwicklung dieser Type war die Reihe Ok 22 (2'C h2). Das Bild links zeigt ein Triebwerksdetail in Wolstyn, unten fährt Ok 22 39 durch Konotop und auf der folgenden Doppelseite dreht Ok 22 31 in Wolstyn (VJ)

11
KAZDE
12
ZADANIE
13
14
15
16

OK-22

Oi2
29

Ty5 • 46

Die Personenzuglokomotivreihe 24 der DR war in Pommern einst weit verbreitet. Nebenstehend zieht Oi 2 29, gebaut 1940 von Schichau in Elbing, im Verband mit Ok 1 140 einen Sonderzug von Tczew nach Malbork. Das Bild entstand im Bahnhof Szymankowo am 1. August 1976 (HS)

Die 1'E h2-Lokomotive Ty 5 46, die ehemalige 50 2606 der DR, gebaut 1941 von BMAG, steht am 3. Oktober 1975 vor der Rotunde des Lokomotiwownia Poznań (HS)

Die 1'E h2-Güterzuglokomotive Ty 45 325 ist ein Neubau nach dem Vorbild der deutschen Reihe 50. Betriebswerk Pyskowice am 5. Oktober 1975 (HS)

In Gniezňo sind 1989 noch immer Ty 43 (1'E h2) beheimatet, die Ende der vierziger Jahre bei Cegielski entstanden. Rechts hat Ty 43 28 am 17. Mai 1989 Einfahrt in Klecko bekommen (VJ)

MIEŚCISKO

Bahnhof Miescisko mit Ty 43 28 am
17. Mai 1989 (VJ)

Im Bild rechts bespannt Ty 43 123 bei Zdziechowa einen Personenzug, während unten Ty 2 710 und Ty 2 67 (1'E h2) am 15. Mai 1989 in Wolstyn Betrieb machen (VJ)

Die nächste Doppelseite zeigt Ty 2 385 am 17. Mai 1989 bei Adamowo (VJ)

Auf Seite 72 zuckelt Px 48 1765 des Betriebswerkes Gnieźno über die 750 mm-Gleise am 16. Mai 1989 nach Anastazewo (VJ)
Daneben zieht Px 38 805 ihren Düngemittelzug am 28. Mai 1975 über die Bromberger Kreisbahn (600 mm Spurweite) von Nakło nach Morzewiec (HS)
Auf der ebenfalls 600 mm-spurigen Kleinbahn Witaszyce-Zagorów, der früheren Jarotschiner Kreisbahn, spiegelt sich die von Orenstein & Koppel (Fabrik-Nr. 13585) gebaute Lokomotive Ty 3 194 mit ihrem Züglein am 26. September 1976 in einem See bei Wola Książęca (HS)

Die Bilder dieser Seiten zeigen Tkt 48 im Betrieb, links die Nr. 87 am 13. Mai 1989 bei Kepno, rechts die Nr. 100 anläßlich einer Sonderfahrt auf DR-Gleisen zwischen Cottbus und Weißwasser am 8. September 1987 (VJ)

TKt48
100

2
2
PKP
2

СО18-3098

Sowjetunion

Die Sovjetskije Železnyje Dorogi (SŽD) stellt schon insoweit eine Besonderheit dar, als sie mit über 140000 km Streckenlänge der größte Eisenbahnbetrieb der Erde ist. Ihren Ursprung nahm sie in der ersten russischen Eisenbahn von St. Petersburg nach dem 25 km entfernten Zarskoje Selo im Oktober 1837. Der leitende Ingenieur Anton von Gerstner entschloß sich zu einer Spurweite von 1829 mm. Die zweite Bahn Rußlands von Warschau zur österreichisch-ungarischen Grenze erhielt die Normalspurweite von 1435 mm. Erst die Hauptstrecke von St. Petersburg nach Moskau führte man in russischer Breitspur (1524 mm) aus. Noch vor dem Streckenbau, der 1851 begann, wurden Einrichtungen zum Bau der Betriebsmittel geschaffen. Sie basierten auf einer aus Philadelphia (USA) nach Alexandrowsk transferierten Lokomotivfabrik.

Der Bau des Eisenbahnnetzes schritt sowohl auf staatlicher als auch privater Ebene vor allem im europäischen Teil des Zarenreiches voran. 1891 ordnete Alexander III. den Bau der legendären »Transsibirischen Eisenbahn« an. Innerhalb von zehn Jahren wurden etwa 9300 km Strecke von Moskau nach Wladiwoštok gebaut.

Die Oktoberrevolution unterbrach die Eisenbahnentwicklung. Erst 1926 konnte an die vorangegangenen Verkehrsleistungen angeknüpft und ein weiterer Ausbau des Eisenbahnnetzes vorgenommen werden. Der Lokomotivbau orientierte sich in der Folge weniger an europäischen Prinzipien, als vielmehr an amerikanischen Giganten.

Nach dem zweiten Weltkrieg gingen noch zwei wesentliche Neukonstruktionen in Serie: die Güterzugbaureihe Lw und die Schnellzuglokomotive P 36. Beide sind heute aus dem Betrieb geschieden.

Im Rangierbahnhof Inskaja (Westsibirische Eisenbahn) stehen Λ-3905 (Woroschilowgrad 15722/1954) und 3^P 768-87 (MÁVAG Budapest 3795/1950) einträchtig nebeneinander. 7. August 1982.
Darunter rangiert CO-3098 im Leningrad-Moskauer Rangierbahnhof (Oktober-Eisenbahn) am 27. August 1986 (HH)

Zum Auswaschen von Kühlzügen ist 3^{Y} 704-69 am 17. August 1982 im Rangierbahnhof Alma-Ata II (Kasachische Eisenbahn) eingesetzt (HH)

In Chabarowsk ist im Juli 1970 Aufenthalt für П 36-0101 (Kolomna 1955), eine der modernsten sowjetischen Dampflokomotiven (JS)

Im Bild oben rangiert 0^B-8 im Bahnhof Sennaja. Juli 1986. Rechts oben ist D 51-24, die letzte Vertreterin einer in 30 Exemplaren als Reparationsleistung von Japan an die Sowjetunion gelieferten Baureihe für das 1067 mm-Schmalspurnetz, 1985 noch im Einsatz in Lugowoje auf Sachalin (Fernost Eisenbahn). Die beiden Maschinen bannte Juri Iljin auf den Film.
Rechts unten ist die Heizlokomotive C^Y 206-56 am 29. August 1986 im Wagenwerk Tallin (Baltische Eisenbahn) tätig (HH)

b-9773, eingesetzt als Rangierlokomotive im Depot Sysran II (Wolga-Eisenbahn). Im Juli 1986 war sie eine der ältesten noch in Betrieb befindlichen Dampflokomotiven der SŽD (Juri Iljin). Darunter rangiert CO-3098 im Leningrad-Moskauer Bahnhof am 27. Oktober 1986 (HH)

3-858 ist in Ulan Ude beheimatet. Sie gehört zu einer Serie von 75 Maschinen, die Baldwin 1917 baute (HM)

354 1217

Tschechoslowakei

Auf dem heutigen Staatsgebiet der ČSSR begannen 1825 die Arbeiten an der ersten Eisenbahnstrecke Kontinentaleuropas zwischen Budweis und Linz. Sie blieb jedoch bis 1858 eine reine Pferdebahn. Dampfzüge hingegen verkehrten 1838 zuerst auf der »Kaiser-Ferdinand-Nordbahn« von Wien nach Lundenburg, ein Jahr später bis Brünn. 1845 erhielt Prag Anschluß an Olmütz, das seinerseits in Verbindung mit der Nordbahn stand.

Um die Jahrhundertwende waren 11000 km Strecken in Betrieb und die erste Dampflokomotive verließ die Böhmisch-Mährische Maschinenfabrik in Prag-Liben. 1918 erlangte die erste Tschechoslowakische Republik (ČSR) ihre Unabhängigkeit, die Československé Státni Drahy (ČSD) entstand. Die neuen Grenzen hatten andere Verkehrsströme zur Folge, insbesondere das slowakische Netz mußte ausgebaut werden. Die ČSD erreichte in dieser Zeit ihre größte Betriebslänge mit über 13 000 km. Die Škoda-Werke in Plzeň nahmen 1920 die Dampflokomotivfertigung auf und begründeten eine eigene Typisierung.

1938/39 annektierte Deutschland die ČSR und ordnete Bahnanlagen und Fahrzeuge seinem System unter. Škoda produzierte nun Lokomotiven nach deutschen Zeichnungen.

Nach dem zweiten Weltkrieg mußte die ČSD zunächst das Streckennetz, die verbliebenen, zum Teil fremden Fahrzeuge und die zerstörten Anlagen in Stand setzen. Škoda schwang sich mit hervorragenden Konstruktionen an die Spitze des europäischen Dampflokbaus. Hochliegende Kessel, große Dampfüberhitzung und ausgeglichene Triebwerke wurden zum Markenzeichen. 1958 ging diese Episode zu Ende. Elektro- und Diesellokomotiven übernahmen bis 1980 alle Zugleistungen. Es verblieb ein bunter Querschnitt mitteleuropäischen Lokbaus im Museumsdienst.

Morgennebel liegt am 21. Mai 1982 über dem Berounkatal als 354.1217 (2'C 1' h2t) das Einfahrsignal von Hyskov passiert

Die 2'D 1' h2-Lokomotiven der Baureihe 475.1 entstanden 1947 bis 1950 bei Škoda. Links verläßt 475.1142 am 22. Mai 1982 Pelhřimov, unten kommt sie am Vortage von Milin herauf

Am 21. Mai 1982 führt 475.1142 einen Sonderzug für Eisenbahnfreunde im weiten Tal der Litauka von Zdice nach Příbram

475142

556 0298

Im Bild links ist 556.0298 (1'E h2) aus Anlaß des 125jährigen Streckenjubiläums Dresden – Prag zwischen Děčin und Mlýny unterwegs (WM).
Rechts oben überfährt 434.2186 eine Brücke in Tanvald. Die 1'D 2h-Maschinen wurden aus der Reihe 434.0 (1'D n2v) rekonstruiert (RW).
Nebenstehend zieht 422.025 (D n2v) am 23. Mai 1982 einen Jubiläumszug von Čelákovice nach Brandýs n. Lab.-St. Boleslav

387 028
ZDRAVÍME SLAVNÉ MÁJOVÉ DNY

ČSD
464 202

Im April 1969 traf man im Bahnbetriebswerk Brno noch auf mehrere Dampflokomotivbaureihen im Alltagsdienst: 387.028 (2'C 1' h3), gebaut von Škoda 1934 unter der Fabrik-Nr. 777; 464.202 (2'D 2' h2t), gebaut von Škoda 1955 unter der Fabrik-Nr. 3378 und 477.003 (2'D 2' h3t), gebaut von ČKD 1951 unter der Fabrik-Nr. 3002. Die ČSD übernahm 38 Lokomotiven dieses Typs zunächst als Reihe 476.1, zeichnete sie jedoch nach Umbauten 1954/55 in 477.0 um (HS)

Die Bilder der beiden vorangegangenen und dieser Seiten zeigen Szenen der Hronecka Lesná Železnica (HLŽ). Das einst 125 km umfassende Waldbahnnetz erstreckte sich an der Nordseite des slowakischen Erzgebirges und wurde im April 1981 zum Teil noch mit Dampflokomotiven befahren. In Hronec (Seite 92) werden die antransportierten Baumstämme auf Normalspurwagen umgeladen, in Dobroč ist für die kleinen C n2-Tenderlokomotiven (ČKD 1948) Wasserhalt am Bach. Entlang der Hron führt auch die Strecke in Čierny Balog (Seiten 94/95)

C
B
324.1544

Ungarn

Auf dem ungarischen Territorium der Donaumonarchie kam nach einigen Pferdebahnen 1846 der erste Dampfzug zwischen Pest und Vác in Betrieb, dem Teilstück der 1851 fertiggestellten Verbindung nach Wien. Das Pester Empfangsgebäude wurde 1877 erneuert und durch eine Hallenkonstruktion von Gustave Eiffel ergänzt. Seit der Verstaatlichung heißt dieser Budapester Bahnhof Nyugati pályaudvar (Westbahnhof).

István Széchenyi entwarf Mitte des 19. Jahrhunderts ein Verkehrsnetz für Ungarn, dessen Mittelpunkt Pest darstellen sollte. Im wesentlichen folgte man diesen Plänen; bis 1867 entstanden über 2000 km Strecken. 1868 wurde die Magyar Államvasutak (MÁV) gegründet. Jedoch erst gegen Ende des Jahrhunderts hatte sie die meisten Privatbahnen übernommen. Das gesamte Netz umfaßte vor dem ersten Weltkrieg 22869 km einschließlich 1611 km Schmalspurbahnen. In den neuen Grenzen danach waren es nur noch 8705 km Normalspurbahnen und 268 km schmale Spur.

Eine Besonderheit stellt die private Györ-Sopron-Ebenfurti Vasút (GySEV) dar. Sie nahm 1876 den Betrieb im Burgenland auf und ihre Gleise befinden sich heute auf den Staatsgebieten Ungarns und Österreichs gleichermaßen. Damit stellt die GySEV eine vor allem für den Güterverkehr wichtige Verbindung her.

Die ungarischen Dampflokomotiven sind typische Vertreter der in allen Staatsgebieten der ehemaligen Donaumonarchie anzutreffenden Baureihen. Erst die ab 1924 gebaute Reihe 424 trägt eigenständige Baumerkmale. Parallel zu dieser modernen Maschine war die von 1909 bis 1943 (!) beschaffte Reihe 324 in vielen Diensten zu finden.

Die MÁV ließ sich mit der Ablösung ihrer Dampflokomotiven viel Zeit. Der Einsatz währte bis Mitte der achtziger Jahre.

Die 1'C 1' h2-Lokomotive 324.1544 verläßt Gyöngyöhalász mit einem Nahverkehrszug nach Gyöngyös am 16. April 1981 (HF)

Am Nordrand der ungarischen Puszta bei Gyöngyös findet sich dieses Motiv am 28. März 1983. Die alten 324er waren inzwischen durch die Reihe 424 abgelöst worden (HF)

Begegnung im Bahnhof Ják-Balogunyom am 2. August 1979. 424.121 (2'D h2) mit einem Güterzug nach Szombathely erwartet den kreuzenden Personenzug, geführt von 424.359 (AS)

Eine Maschine des gleichen Typs bespannt am 6. August 1979 den Abendpersonenzug von Szombathely nach Szentgotthárd. Das Bild der folgenden Doppelseite entstand nahe Egyházasrádóc (AS)

Budapest Ostbahnhof im August 1988. Die Maschinen der Reihe 424 (rechts ohne Windleitbleche) sind mit Sonderzügen unterwegs (HS)

Die Baureihe 109 (2'C h2) der Österreichischen Südbahn-Gesellschaft trug bei der MÁV die Seriennummer 302. Die Maschine 109.109 wurde restauriert und steht nun wieder für Sonderfahrten zur Verfügung. Im August 1988 fuhr sie von Budapest nach Szombathely (HS)

109 109

Vámosgyörker Lokrennen: 375.690 auf der Hauptstrecke nach Kál-Kápolna gegen 324.1544 auf der Stichbahn nach Gyöngyös. 19. April 1981 (HF)

Der C-Kuppler 326.267 (ehemalige Kategorie IIIe der MÁV) zuckelt durch die Puszta bei Hortobágy am 15. April 1979. Mit 497 Einheiten (1882 bis 1897 gebaut) war diese Gattung eine der verbreitetsten ungarischen Lokomotivtypen (HF)

Die ungarische Tiefebene ist auch in diesem Bild Kulisse für den morgendlichen Nahverkehrszug von Vámosgyörk nach Gyöngyös am 16. April 1981 (HF)

MÁV
50 55 94-20 103-8
Dnz

An der Burg Boldogkövar vorbei dampft 375.024 am 3. April 1983 von Szerencs nach Hidasnémeti.
Auf der GySEV ist die C-gekuppelte Lok 17 noch heute vor Touristenzügen im Einsatz. 20. April 1979 (HF)

375.552

Reiner Dampfbetrieb herrschte im Frühjahr 1981 auf der Nebenstrecke von Szerencs zum Grenzbahnhof Hidasnémeti (Tschechoslowakei). Die Lokomotive 375.552 (1'C 1' h2), mit Personenzug im Bahnhof Abaújszántó, gehört zu einer Reihe, welche die MÁV von 1921 bis 1959 mit geringen Veränderungen beschaffte

Auf einer Steinbruchbahn bei Szób (760 mm Spurweite) ist am 14. April 1979 die D-gekuppelte Lokomotive 490.057 im Einsatz (HF)

230.291
905

Rumänien

Der Verbindung des Kohlebeckens Anina-Oraviţa mit dem Donauhafen Baziaş diente die 1856 in Betrieb gegangene erste Eisenbahn auf dem Territorium des ab 1861 selbständigen Fürstentums Rumänien. Vier Jahre später transportierten Dampfzüge Getreide von Cernavoda in die Hafenstadt Constanţa. 1869 schließlich erreichte eine Bahn von der Donau bei Giurgiu aus die Hauptstadt Bukarest. Englische, deutsche und österreichische Gesellschaften errichteten bis 1878 ein fast 1400 km langes Eisenbahnnetz nördlich des Karpatenmassivs. Nach Gründung der Căile Ferate Române (CFR) 1880 ließ der Staat weitere Linien bauen, so daß sich das Netz bis 1918 auf etwa 4000 km vergrößerte. Die Vereinigung Rumäniens mit den ehemals österreichisch-ungarischen Provinzen Walachei und Siebenbürgen ließ die Streckenlänge auf etwa 11000 km anwachsen, doch mußte die Netzstruktur in den folgenden 40 Jahren den neuen Gegebenheiten erst angepaßt werden. Heute verfügt die CFR über 10360 km Normalspur-, 618 km Schmalspur- (760 mm) und 35 km Breitspurbahnen (1524 mm). Daneben unterhalten die staatlichen Forstwirtschaftsbetriebe Waldbahnen mit 760 mm Spurweite. Die Căile Ferate Forestiere (CFF) dienen ausschließlich der Holzabfuhr.

Der rumänische Lokomotivbau begann 1872 in den Reşiţa-Werken mit Linzenbauten. Daneben importierten die CFR preußische, österreichische und ungarische Maschinen. Zur Vielfalt des Maschinenparks trugen auch die mehrfachen Grenzverschiebungen im Laufe der Kriege bei. Selbst amerikanische Lokomotiven fanden sich nach 1945 in Rumänien.

Die Wirtschaftsprobleme des Landes bremsen die Modernisierung der CFR wesentlich. So hat die für 1975 vorgesehene vollständige Ablösung der Dampftraktion bis heute nicht stattgefunden.

In exzellentem Zustand präsentiert sich 230.291 anläßlich einer Schauanfahrt für Sonderfahrtteilnehmer im August 1983 bei Vintul de Jos (HM)

Die engen historischen Bindungen Rumäniens an Deutschland führten zur Beschaffung bewährter deutscher Lokkonstruktionen. Im Bild die preußische P8 bei Podul Olt (HM)

Im Depot Oraviţa war 1983 die Lokomotive 230.137 beheimatet, welche auf ihrer Fahrt nach Berzovia nicht nur von den Fotografen bestaunt wird (HM)

Oravița und die reizvolle Strecke nach Anina sind auch die Heimat der Lokomotive 50.065 (HM)

Die preußische G 10 fand einst weite Verbreitung auf europäischen Schienen. Bei den Rumänischen Staatsbahnen verrichteten diese alten Maschinen als Reihe 50 noch in den achtziger Jahren vereinzelte Zugdienste (HM)

Rechts oben ist die Zahnradlokomotive 40.001 (1'D 1' n2(4)t), 1908 bei Floridsdorf gebaut (Fabrik-Nr. 1782), in Porțile de Fier eingetroffen. Der Bahnhof ist zugleich die Paßhöhe des »Eisernen Tores« im Verlauf der Strecke Subcetate-Caransebeş. 5. August 1970 (HS)

Die mächtige 1'D 2'-Schnellzuglokomotive 142.047, gebaut unter der Nummer 425 von der Maschinenfabrik Reşița im Jahre 1939, verläßt am 31. Juli 1970 mit einem Güterzug den Bahnhof Cluj (HS)

Der kleine B-Kuppler auf Normalspurschienen ist ein Eigenbau der CFF und rangiert in Covasna die Regelspurwagen zur Umladestelle der schmalspurigen Walbahn (WM)

Von Sibiu entlang der normalspurigen Hauptstrecke nach Mohu und dann abzweigend über Cornâtel führt eine 760 mm-Schmalspurstrecke nach Vurpar und Agnita (HM)

Die 760 mm-spurige CFF betreibt keinen Personenverkehr. Sie dient ausschließlich dem Abtransport der in den Holzeinschlagstellen gewonnenen Baumstämme. Die Lokomotiven der Baureihe 764 sind dementsprechend für Holzfeuerung ausgelegt. Sommer 1987 (WM)

01 08

Bulgarien

Im nordöstlichen Teil der Balkanhalbinsel kreuzten sich von jeher wichtige Verkehrswege. Durch das heute bulgarische Staatsgebiet führten die kürzesten Verbindungen zwischen der Donau und em Ägäischen Meer, zwischen Mitteleuropa und Kleinasien, zwischen der Adria und dem Schwarzen Meer. Zur Zeit des Eisenbahnbaus herrschten hier jedoch die Türken und überließen den englischen Brüdern Berkeley den Bau und Betrieb der ersten Strecke von Russe nach Warna im Jahre 1866. Als nächstes stand die Verbindung von Istanbul über Sofia mit Belgrad an. Der österreichische Baron Hirsch gründete die Osteisenbahn-Gesellschaft und begann 1872 den Bau der Strecke, unterbrochen durch das Ende der Türkenherrschaft und die Bildung des Fürstentums Bulgarien. Die Vollendung gelang dem neuen Staat 1888 aus eigener Kraft. Sie gilt als Gründung der Bulgarski Duržavni Železnice (BDŽ).
Zur Jahrhundertwende umfaßte das Eisenbahnnetz 1555 km, davon 1164 km im Besitz der Staatsbahn. 1909 übernahm die BDŽ alle Strecken und führte den Bau neuer Linien weiter. Am Ende des ersten Weltkrieges kamen 270 km Feldeisenbahnen mit 600 mm bzw. 760 mm Spurweite hinzu. Bis 1945 wuchs das Regelspurnetz auf 3300 km, die Schmalspurstrecken erreichten mit 455 km ihre größte Ausdehnung. Der Bahnbau hält an, zur Zeit sind es über 4000 km.
Die ersten Lokomotiven kamen aus England und Österreich, dann beschaffte die BDŽ ihre Maschinen vor allem bei deutschen Herstellern. Herausragend war die 1941 von Krupp gelieferte Reihe 05 der Bauart 2'C 1' h3. Zu gleicher Zeit baute Henschel die vereinheitlichten Reihen 03 (2'D 1' h3) und 11 (2'E h3). Die schwersten und stärksten Tenderloks Osteuropas waren die 1'F 2' h3-Maschinen des Baujahres 1943 mit 155,8 t Dienstmasse.

Varna, der bekannte Urlaubsort am Schwarzen Meer, ist Mittelpunkt des Geschehens auf den nebenstehenden Bildern. Oben steht die 1'D 1'-Lokomotive 01-08, Chrzanów 1931, Fabrik-Nr. 458, mit P 313 nach Sindel im Bahnhof abfahrbereit (HS), darunter schmaucht die Rangierlokomotive 47-1 im Betriebswerk vor sich hin (RW). Die Bilder entstanden 1969 bzw. 1975

Im Bahnbetriebswerk Plovdiv war die mächtige Baureihe 14 beheimatet. Oben wird Lok 14-44 gedreht, rechts wartet 14-31 auf neue Einsätze.
Im Betriebswerk Komunari waren im August 1973 noch einige Maschinen der Baureihe 35 (1'C 1' h2) im Einsatz. Auf den Abstellgleisen hingegen ruhten 35-32 und eine weitere Lok des gleichen Typs

Zu den letzten aktiven Dampflokomotiven des Betriebswerkes Varna gehörte im September 1975 die ehemals deutsche Kriegsbaureihe 52.
Im Rangierdienst traf man 1973 in Komunari den D-Kuppler 49-02. Alle Bilder dieser Seiten fotografierte RW

Jugoslawien

Nach dem Ende des ersten Weltkrieges wurde das Königreich der Serben, Kroaten und Slowenen proklamiert, 1929 gab es sich den Namen Jugoslawien und 1945 entstand die Föderative Republik Jugoslawien. Zur Zeit der ersten Eisenbahnen war also an einen Staat in den heutigen Grenzen nicht zu denken. Die slawischen Völker auf dem Balkan lebten unter türkischer oder österreichisch-ungarischer Herrschaft, deren Interessen die Linien entsprechen mußten. Die erste Strecke ging 1846 auf slowenischem Boden zwischen Sentilij und Celje in Betrieb. In Kroatien führte ab 1862 eine Bahn von Zidani Most über Zagreb nach Sisak. Bosnien-Herzegowina erhielt 1872 Eisenbahnanschluß von Brod über Zenica nach Sarajevo mit 760 mm Spurweite. Zu gleicher Zeit begann der Bau einer regelspurigen Verbindung zwischen Österreich und der Türkei unter Umgehung Serbiens. Fußend auf den Beschlüssen der Berliner Konferenz von 1878, verlief die Strecke dann aber doch über Serbien. Montenegro erhielt 1909 die erste schmalspurige Eisenbahn (750 mm) von Bor nach Virpazar.

Im Königreich der Serben, Kroaten und Slowenen fand sich schließlich ein Eisenbahnnetz von knapp 9000 km Länge in fünf Spurweiten zusammen, welches bis zum zweiten Weltkrieg rund 700 km Zuwachs erhielt. Die Jugoslovenske Železnice (JŽ) betreiben heute 9311 km Normalspur- und 2528 km Schmalspurstrecken. Die wechselvolle Geschichte des Vielvölkerstaates spiegelte sich natürlich auch in den Lokomotivtypen wider. Normal- und Schmalspurmaschinen aus Österreich, Ungarn, den alten Balkanländern Bosnien, Herzegowina und Serbien, deutsche Kriegslokomotiven aus zwei Epochen und nach 1945 amerikanische Loks teilten sich die Dienste. 1965 waren 1995 Dampflokomotiven im Betrieb, was etwa 80% aller Triebfahrzeuge entsprach.

Für den Budapester Vorortverkehr lieferten die MÁVAG und Henschel von 1915 bis 1918 296 Einheiten einer 1'C 1' h2-Type an die MÁV (Baureihe 342). Die nunmehrige JŽ-Museumslokomotive 17-006 bespannt im Bild vom 30. Juli 1987 einen Touristenzug von Faak in Kärnten nach Bohinjska Bistrica bei Bled (HF)

2A PERON
2 KOLOSIJEK
2A PERON
3 KOLOSIJEK

Nebenstehend wartet 01-113 (1'C 1' h4v, Schwartzkopff ab 1912) im April 1970 in Zagreb auf Ausfahrt (JS)

Im Bild links unten durchfährt am 13. August 1970 eine Maschine der Reihe 11 den Hauptbahnhof Zagreb. Die Lokomotive ist baugleich mit der MÁV-Gattung 424 (HS)

Unweit von Varaždin donnern am Morgen des 8. August 1979 zwei Lokomotiven der Baureihe 22 über die Draubrücke ihrem Ziel Čakovec entgegen (AS)

In Jesnice wartet 29-005 (ehemalige österreichische Reihe 81) im Mai 1969 die Überholung durch einen Schnellzug ab (JS)

Durch die südlichen Ausläufer der Julischen Alpen führt die Wocheinerbahn. Sie war früher eine internationale Schnellzugstrecke in der Relation Wien–Triest. Am 12. August 1988 befuhr ein Sonderzug, gezogen von den Lokomotiven 17-006 (1'C 1' h2) und 03-002 (2'C h2) den Soča-Viadukt bei Solkau (HS)

Oben rangiert 51-148 (l'C l' h2t) im Mai 1969 in Novakapela. Daneben führt eine Maschine der Reihe 06 (l'D l' h2, Borsig und Schwartzkopff ab 1930) im April 1970 einen Güterzug durch Sevnica und rechts unten ist 25-002 (l'D h2, ehemalige österreichische Reihe 270) bei Zagreb ebenfalls im April 1970 unterwegs (HS)

83-106

Im Bahnhof Medjedja der 760 mm-spurigen Bosnischen Ostbahn muß die D 1'-Standardlokomotive 83-106 für die nächste Zugfahrt gewendet werden. Am 21. Juli 1969 geschieht dies noch per Hand (HS)

Eilzug 314 nach Sarajevo – auf 760 mm-Gleisen! Die 1'D 1 h2-Lokomotive 85-039, gebaut 1945 in Slavonski Brod unter der Fabrik-Nr. 26 verläßt Medjedja am 21. Juli 1969 (HS)

Ruhe im Feuer ist am 31. März 1976 für Lokomotive 83-111 im Heizhaus Višegrad (HS)

Griechenland

Trotz der außerordentlich langen Kulturgeschichte ist das Land in Bezug auf sein Schienenverkehrssystem eines der unerschlossensten. Bis zur Jahrhundertwende gab es gerade 800 km Eisenbahnstrecken, die ihren Anfang in einer 1000 mm-Bahn von Korinth über den Isthmus zum Peloponnes nahmen. Die Piräus-Athen-Peloppes Gesellschaft hatte die Konzession erhalten. Erst nach der Jahrhundertwende begann der Bau an der regelspurigen Hauptbahn von Piräus über Athen zur damaligen Grenzstadt Papapouli, die 1909 erreicht wurde. In der Folge des Balkankrieges verschoben sich die Grenzen 1913 nach Norden. Die Thessalonische Eisenbahn verlief nun auf griechischem Gebiet. 1916 gelang durch die Verbindung von Papapouli mit Platy der Anschluß an das europäische Eisenbahnnetz.

1962 wurden alle Eisenbahnen unter der Bezeichnung Hellenische Eisenbahnen zusammengefaßt, denen 1971 die Organismos Siderodroman Ellados (Σ E) als staatliches Unternehmen folgte. Es verwaltet und betreibt heute 2572 km Eisenbahnstrecken.

Die griechischen Dampflokomotiven entstammen überwiegend österreichischen Konstruktionsbüros. Nach dem zweiten Weltkrieg kamen dazu amerikanische Kriegslokomotiven der 1'D-Type und C-gekuppelte Rangiermaschinen. Ein Schwanengesang sollten Anfang der fünfziger Jahre die 1'E 1'-Güterzugloks werden, deren Größe die meisten europäischen Konstruktionen übertraf. Doch leider betraute man mit dem Entwurf und Bau Italien, in dem schon 20 Jahre lang keine Hauptbahndampflokomotiven mehr gebaut worden waren. Die zu kleine Feuerbüchse ließ die Riesen dann auch ständig unter Dampfmangel leiden.

1960 kaufte die Σ E 25 1'D-US-Armeemaschinen in Italien, deren Bewährung außer Frage stand.

Oben werfen wir einen Blick in das Betriebswerk Vólos. Viele Gleise sind zweispurig ausgeführt, denn hier beginnt der Schmalspurabschnitt (1000 mm) nach Paläofarsalos-Kalambaka. Im Vordergrund rangiert Lok 42, eine der sechs Maschinen umfassenden 1'C 1' h2t-Serie von 1951 der Firma Jung. Dahinter befindet sich Lok 22 belgischer Herkunft auf den Meterspurgleisen.
Mai 1969.
Das nebenstehende Bild zeigt das Betriebswerk Larissa am 24. Mai 1969 mit den Lokomotiven Θy 580 (links vorn), Θy 551 (dahinter), Mα 1011 (1'E 1' h2, Italien) (rechts hinten) und Θy 577 (rechts vorn) (JS)

Die Bilder oben und rechts oben zeigen Rangierszenen auf den Dreischienengleisen in Vólos mit der belgischen Meterspurlok 22 (1'C h2t) im Mai 1969 (JS)

Abfahrbereit wartet E 7723 (1'D h2) mit ihrem Personenzug in Kalamata am 31. Mai 1969 (JS)

VOLOS
22

7723

Zwischen Larissa und Athen ist die US-Kriegslok Θy 554 (1'D h2) am 23. Mai 1969 im Güterzugdienst (JS)

Auf Meterspurgleisen sind die Maschinen der beiden anderen Bilder im Einsatz. Links unten nimmt Lok 44, ausgerüstet mit einem Zusatzöltender, in Paleofarsalos-Vólos am 24. Mai 1969 Wasser, rechts löscht Z 7532 (1'C h2t) am 1. Juni 1969 in Patras ihren Durst (JS)

Die beiden meterspurigen Lokomotiven Δ 7201 (1'D 1' h2, Vulcan Iron Works 1947, Fabrik-Nr. 4707) und E 7721 (1'D h2, Linke-Hofmann 1925, Fabrik-Nr. 3034) ziehen am 22. April 1980 einen Sonderzug von der Peloponnes über den tief eingeschnittenen Kanal von Korinth auf das griechische Festland (HS)

Zwischenaufenthalt im Bahnhof Tempi der Strecke Athen–Thessaloniki am 26. April 1980. Die Lokomotiven des Sonderzuges sind Δ_β 962 (1'E h2 NLB 1944, Fabrik-Nr. 25463) und Θ Υ 525 (1'D h2, Lima 1943, Fabrik-Nr. 8212) (HS)

Türkei

Im europäischen Teil des Osmanischen Reiches gelang es erst um 1873 der österreichischen Compagnie des Chemins de Fer Orientaux, Istanbul mit dem Eisenbahnnetz Europas zu verknüpfen. 15 Jahre zuvor kam jedoch die erste Eisenbahn zwischen Izmir und Seydiköy in Betrieb. Private englische, französische und deutsche Eisenbahngesellschaften erschlossen nach und nach den Westen und Süden des Landes.
Durch Ankauf der deutsch-österreichischen Chemins de Fer Ottomans d'Anatolie und der deutschen Société Impériale Ottomane du Chemin de Fer Bagdad entstand 1927 die Türkiye Cumhuriyeti Devlet Demiryollari (TCDD). Die Staatsbahn übernahm bis 1948 die restlichen Privatbahnen und sah sich nun vor der Aufgabe, das Eisenbahnnetz zu komplettieren. Letzte wesentliche Neubaustrecke war die 1971 vollendete Verbindung von Van zur Iranischen Grenze. Die TCDD wickelt heute ihren Verkehr auf 8200 km Normalspur ab. Kaum mehr als 200 km davon sind elektrifiziert. Die fünf Schmalspurlinien wurden abgebaut oder auf Normalspur umgenagelt. Gleiches widerfuhr auch dem ehemals russischen Breitspurabschnitt an der Grenze zur Sowjetunion.
Bunt wie die Geschichte der TCDD ist ihr Fahrzeugpark und der Charakter von Bahnlinien und Hochbauten. Vieles aus der Anfangszeit ist bis heute erhalten geblieben. Englische, französische, schwedische und deutsche Dampflokomotiven teilten sich bis in die jüngste Zeit die Beförderungsaufgaben. 1980 waren noch über 500 Maschinen im Einsatz. Einige der rauchenden Riesen, vor allem deutsche und amerikanische Kriegslokomotiven, waren 1989 auf wenigen Strecken in Plandiensten anzutreffen und machten sich in den letzten Jahrzehnten als »Friedensloks« verdient.

Das Depo Bordor ist eine der letzten Zufluchtsstätten der ehemals preußischen G 8 und G 10. Vor dem Hausberg von Eğridir müht sich ein solcher Veteran im Reisezugdienst am 29. August 1984 (HF)

Lokeinsatzstelle Alpullu in Ostthrazien am 11. August 1982. Die in Frankreich bei Schneider, Creusot, im Jahre 1927 erbaute 1'D-Lok 45 507 und ihre gleichzeitig von Batignolles, Paris, gelieferte Schwester 45 515 sind die letzten Maschinen der ehemaligen Österreichischen Orientbahn im Dienste der TCDD. Sie zogen lange Jahre den Orientexpreß durch den europäischen Teil der Türkei bis Istanbul (HF)

Ehemalige deutsche Kriegslokomotiven der Reihe 52 firmieren bei der TCDD als 56.5. Im Bild unten ist eine solche Maschine im Vorortverkehr von Izmir tätig, rechts befindet sie sich auf dem Wege von Balıkesir nach Bandırma am Marmara (HF)

Im Bild auf der folgenden Doppelseite überfährt der nur zweimal wöchentlich verkehrende Zug von Torbalı nach Ödemiş den Küçükmenderes. Zuglok ist die 1932 von Robert Stephenson, Newcastle and Darlington, erbaute 46 105 (HF)

Am 28. Juli 1982 kämpft sich 56 504 die Steigung vor Sirinyer empor. Das Fahrtziel ist Buca (HF)

Von Selçuk, dem antiken Ephesus, in das anatolische Hochland hinauf brauchen die Züge eine Schiebelokomotive. Vorne arbeitet eine Maschine der Baureihe 56.5, hinten eine solche der Reihe 57, beides deutsche »Einwanderer«. 20. August 1980 (HF)

Der Haltepunkt Hilab in Izmir ist bekannt durch seine typisch britische Kreuzung im rechten Winkel. Und tatsächlich schneiden sich hier die Gleise zweier ehemals britischer Privatbahnen (HF)